宇宙船地球号のゆくえ

ネットワーク『地球村』代表
高木善之

Y. Takagi

プロローグ

地球号は宇宙を漂う宇宙船。旅を始めてすでに46億年。

乗組員は数回の大絶滅期（全乗組員の大多数が滅びた）を乗り越え、この数千万年は安定した時代を過ごしてきたが、いま再び、大きな危機に遭遇している。

今回の危機は、これまでの危機とは本質的に別のものだ。

これまでは地殻変動、巨大隕石の墜落など不可抗力のものだったが、今回は人間によって引き起こされたものなのだ。

地球温暖化、森林破壊、砂漠化、地球規模の汚染など、どれも人間の身勝手な生活が引き起こした問題であり、さらに戦争、核兵器、原発はもっと危険だ。

アラームが鳴り響く地球号で、人間はそれを無視し、さらに危険を拡大させている。

しかし危険に気付いたわずかな人たちが動き始めた。

私もその一人として、この現状とこの危険を知らせる活動を続けてきた。

この本はその活動の総集編として、地球号の現状と危機とその根本原因、どうすればいいか、今後のビジョンについてまとめた。

ところで、地球号の危機をまとめた前篇『宇宙船地球号はいま』はお読みいただいただろうか。この本はその後篇として、今後どうすればいいか、今後のビジョンをまとめたものなので、前篇と合わせてお読みいただきたい。

目次

第一章　根本原因

自然界はきわめて安定した奇跡的な調和とバランスが続いている。

しかし人間界（人間社会）では、戦争や環境破壊が続いているのはなぜだろう。

それは人間が不自然な社会を作り、身勝手な生活をし、便利快適、経済成長などの不自然を追い求めているからだ。

1. 不自然

不自然とはなんだろう。

不自然とは自然ではないもの、自然界にないものだ。

身の周りを見てみよう。自然と不自然、はたしてどっちが多いだろうか。

●便利快適

便利快適は、私たちの社会の最も基本的な考え方だ。しかしものごとには表と裏があり、必ずマイナス面がある。例えば、「夏は涼しく、冬は暖かい」ということは便利快適なことだ。しかし、そのためには電気が必要。そのために発電が必要。そのためには火力発電所、原子力発電所が必要。火力発電所では大量の化石燃料が燃やされ、大量の二酸化炭素が放出され、それが地球温暖化という地球規模の環境問題を引き起こしている。

原子力発電所では高濃度の放射性燃料が使われている。爆発によって大惨事が起きているし、使用済み燃料の安全な処理の方法はいまだに見つかっていない。

このプラス、マイナス、どちらが大きいだろうか。

次に例えば、自動車はとても便利だ。しかし自動車の製造には大量のエネルギーや資源が必要。自動車を走らせるために大量のガソリンが必要。世界中の自動車は大量の二酸化

図表1　どっちが大切？

お金	⇔	いのち
経済成長	⇔	環境保全
目先の豊かさ	⇔	未来の安心
都会の生活	⇔	田舎の生活
競争と対立	⇔	共生と平和

炭素や大気汚染物質を出している。自動車道路のために、日本では四国よりも大きな土地が使われている。交通事故では毎年世界で１２０万人の人が死亡している。その数十倍の負傷者がいるだろう。

このプラス、マイナス、どちらが大きいだろうか。

少々の不自然のマイナス面は小さくて無視できるかもしれない。

しかし大規模な不自然のマイナス面は大きすぎて取り返しがつかない。

私の子どもの頃は、自動車も電気もあったが、現在の数パーセントだった。

しかし現状の社会では、この便利快適な生活を維持する収入を得るために、共働きが増え、身心ともに疲れ、一家団らんが減り、家庭崩壊も増えた。

便利快適はマイナスの方が大きいのだ。

●豊かさ

「豊かさ」とはなにか。

意見が分かれるところだが、わかりやすく言えば「お金がいっぱいあること」だろう。

しかし、お金は厄介なものだ。お金がいくらあっても「もういい」という人はいないし、売上がいくら増えても「もういい」という経営者もいない。

しかし、みんなが際限なくお金を求め続けるとどうなるだろう。

当然、貧富の差、格差が生まれる。

つまり、豊かさは貧しさを生むのだ。

現在、世界には、贅沢な暮らしをしている20億人と、飢餓貧困の人が10億人いる。譲り合えばみんなが安心して暮らせるのに、そうならない。

みんなが豊かさを求めようとするから、こうなるのだ。

自然界は贅沢も貧困も無い。豊かさを求め続ける生物が他にいないからだ。

●お金

不自然な社会はお金を中心に回っている。お金は不自然の王様だ。

人は必要なことや好きなことはタダでもするが、嫌なことはお金をもらわなければやらない。ものすごく嫌なことをするには、ものすごくたくさんのお金が必要だ。

お金は嫌なことをやらせる道具なのだ。

不自然な社会では不自然なことがいっぱいあり、不自然なことをやらせるためにお金がいっぱい必要で、そのお金を手に入れるためには、また不自然なことをいっぱいしなければいけないのだ。

不自然な社会の基本はお金を手に入れることであり、その結果、戦争が起こっているのだ。お金の無い世界では、無駄な争いも戦争も無いだろう。

●ねばならない

「ねばならない」は不自然な社会の代表だ。

「ねば」はとても苦しい。「ねば」は人の自由を奪い、楽しさを奪い、喜びを奪う。そして周りの人の自由も奪い、楽しさを奪い、みんなを不幸にする。

「ねば」は自然界には無い。

カモシカは「草を食べなければならない」のではなく、草を食べたいから食べているだけだ。ライオンから「逃げなければならない」のではなく、殺されるのがいやだから逃げるのだ。

ライオンも「肉を食べなければならない」のではなく、肉を食べたいから食べているだけだ。カモシカを「追わなければならない」のではなく、食べたいから追うのだ。

自然界には「したいこと」「必要なこと」があるだけだ。それが自然なのだ。

私たちの社会には、「ねば」や「不自然」が多すぎる。

法律、規則、権利、義務、約束、ルール、マナー、礼儀、常識、習慣……

「ねば」は一体いくつあるだろう。

調べてみた。日本の法律だけで約8000ある。1つの法律には数百の条項があるから、国だけで「数百万」の「ねば」があるのだ。もちろん国以外の「ねば」もあるから「一千万以上」の「ねば」があるのだろう。

これをすべて理解し、すべて記憶している人はいないだろう。

なんと窮屈な世界だ。これでは息苦しく、心を病んだり、生きるのが嫌になったりするだろう。「ねば」がなくなれば、もっと自然にもっと楽に暮らせるだろう。

大切なことは、「したいか、したくないか」で判断すればいい。

●本当に必要なものは

私たちは、本当はなにを求めているのだろう。

私なら、もし「一つだけ願いをかなえてあげよう」と言われれば、「自由」を求めるだろう。

もし「もう一つ願いをかなえてあげよう」と言われれば「安心」を求めるだろう。

もし「もう一つ願いをかなえてあげよう」と言われれば「幸せ」を求めるだろう。

もし「もう一つ願いをかなえてあげよう」と言われれば「希望」や「夢」を求めるだろう。


本当にほしいものは、決して「お金」ではないはずだ。

ましてや「お金」のために、仕事に追われ、時間に追われ、ノルマに追われ、心の平安や自由を犠牲にし、環境や未来まで破壊しているとは！

●目を覚まそう

私たちは、大きな間違いをしているのではないだろうか。

不自然な社会で生まれ、不自然な社会で育ち、不自然な教育を受け、不自然な社会で生きていくこと、それはとても不自然なことだ。

疑問を感じないとすれば、感覚がマヒしているのではないだろうか。

まずは、この本を読んでいる時間、目を覚まそうではないか。

コラム

私たちは巨大な自動車がほしいわけではない。クローゼットから溢れるほどの洋服がほしいわけでもない。マネーゲームに勝ちたいわけでもない。

私たちはわくわくする生き方、自分が生きている実感、人と共に生きているという実感、自分が人に役立っているという実感を求めているのだ。それなのに、私たちはそれとは正反対の生き方をしている。いまこそ方向転換する最後のチャンスだ。

「成長の限界を超えて」より　Dr. メドウズ

「大切なものって、なあに？」

「大切なものは、目に見えないもの。お店で売っていないものだよ」

「幸せって、なあに？」

「幸せって、すべてのことに責任を持つことだよ」

「星の王子さま」より　サン・テグジュペリ

2. おかしな経済

経済とは「必要な物資を供給するシステム」のことだ。

つまり必要な物資を必要な量だけ供給すればいいのに、お金のために、次々と新しい物資を考え出して、大量生産、大量消費、大量廃棄している。

現状の社会では、経済は定義とはかけ離れたものになっている。

●GDP

「GDPが上がった」と聞くと、嬉しいか嬉しくないか、どっち？　たぶん嬉しいと答える人が多いだろうが、本当はどうだろう。

「GDPが上がった」というのは「たくさん売れた」

図表2　どっちが大切？

学歴、出世、肩書き、お金、豪邸、高級車、ぜいたくな暮らし	⇔	自由、健康、安らぎ、感謝、信頼、助け合い、生きがい、だんらん、スローライフ

ということだから、企業は嬉しいだろうが、消費者はそれだけお金が減ったということだ。大事なお金が減ることは、嬉しいことではないはずだ。「ＧＤＰが上がることはいいこと」というのは企業の論理だ。

●経済成長

そもそも経済は成長するものだろうか。経済とは「必要な物資やサービスを提供すること」だから、人が増えない限り必要な物は増えないし増やす必要もない。日本の人口は減っているし、高齢化も進んでいるから、経済は成長する必要はないのだ。これから大切なのは福祉だ。

しかし実際の政治は福祉をカット、経済成長に投資している。まるで方向違いだ。

メディアは「景気が順調」「景気が低迷」「景気が頭打ち」などと、「経済成長がいいこと」のように報道しているが、これこそ情報操作、洗脳なのだ。

そもそも報道する側も、ここで述べた経済の本質を理解していない人が多い。

経済とは「必要な物を提供すること」であり、必要な物があれば、あとはゆったり、のんびり、心穏やかに生きていけばいいのだ。

コラム

宣伝戦略十訓

これは、ある有名な広告会社の宣伝戦略だが、いかがなものか。

消費者をバカにしているとしか言いようがない。

しかし残念ながら、世の中はこの戦略に乗っているのだ。

広告とは、不要なものを買わせ、必要な物を捨てさせる作戦なのだ。

1 もっと使わせろ
2 捨てさせろ
3 無駄使いさせろ
4 季節を忘れさせろ
5 贈り物をさせろ
6 組み合わせで買わせろ
7 きっかけを投じろ
8 流行遅れにさせろ
9 気安く買わせろ
10 混乱をつくり出せ

●経済はゼロサム

お金は移動するだけだから、みんなが豊かになることはない。

このことは、考えれば誰でもわかるはずだ。
・誰かが豊かになれば、誰かが貧しくなる
・誰かが得をすると、誰かが損をする
・誰かが黒字なら、誰かが赤字になる
・誰かが大儲けすると、誰かが大損する
・経済は成長しない。格差が広がるだけ
※ゼロサムとは「プラスマイナスゼロ」という意味だ。

★格差が拡大するだけ

国連ＵＮＤＰは世界の格差を発表した。
※世界の人口を資産別に５等分し、最上位と最下位の所得を比較。

近代経済以前	1倍
１８２０年	3倍
１８７０年	7倍
１９２０年	10倍
１９６０年	30倍

１９９０年　60倍
２０００年　100倍

凄まじい格差の拡大だが、これが現実だ。

過去１００年で格差は10倍から１００倍になった。

次の１００年では、格差が１００倍から１０００倍になるかもしれない。

しかし、その前に破局がやってくるだろう。

★国際経済もゼロサム

先進国はＧＤＰが大きく伸びたが、途上国は膨大な累積債務ができた。

仕組みは次のことによる。

先進国は途上国から原料を安く買い、完成品を高く売った。

途上国は原料を安く売って、先進国から完成品を高く買った。

その結果、先進国の黒字は増え、途上国の赤字は増えたが、そんな無茶がいつまでも続くわけはない。途上国の赤字が限界に達したことで先進国のＧＤＰも頭打ちになり、途上国が債務破綻することで先進国も債権破綻するのだ。

現状の経済は「ネズミ講」と同じで、必ず破綻するのだ。

★国内経済もゼロサム

現状の日本は、高齢化社会と人口減少だから本来ＧＤＰは上がるはずがない。

上がるはずのないＧＤＰを上げるために無駄な公共事業やバラマキをやっている。その結果、赤字が増えて、いまはなんと１３００兆円という膨大な累積赤字を抱えて経済破綻寸前になっているのだ。　http://www.kh-web.org/fn/

図表3　国際経済はゼロサム

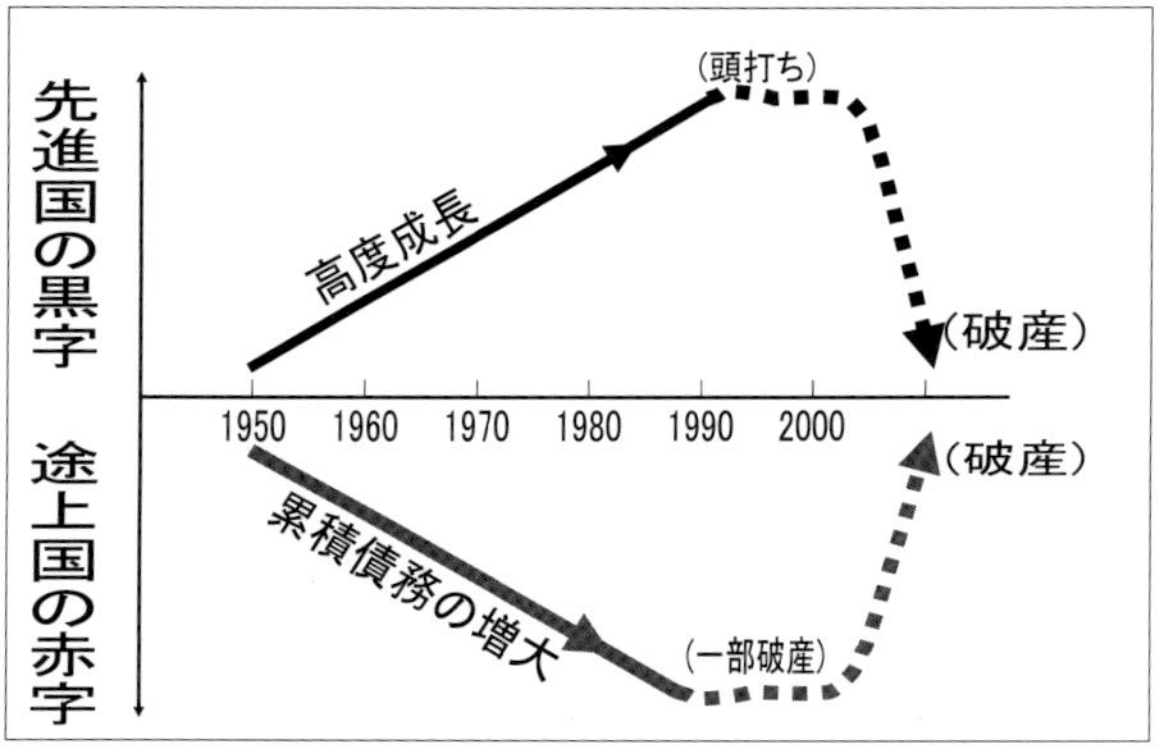

●お金の総額

日本人の預貯金は８００兆円、保険、年金などは８００兆円、合わせると１６００兆円。

では、日本にはいったいどれくらいのお金があるのだろう。

他にも（国の金庫にも、企業の金庫にも）お金はあるだろうから、日本にあるお金の合計は、ふつうに考えると２０００兆円か３０００兆円くらい？

いいえ、実はお金は90兆円しかないのだ。

http://bit.ly/ryutu90

誰だってビックリ、「いったいどういうことだ！」と思うだろう。

★お金は天下の回り物

ＧＤＰは、お金が使われた時にカウントされる。

お金は「天下の回りもの」だから何度でも使われる。使われるたびにカウントされる。例えば二つの店が取引して１万円札が１００往復すると、双方の売上は各

図表4　日本人の資産総額

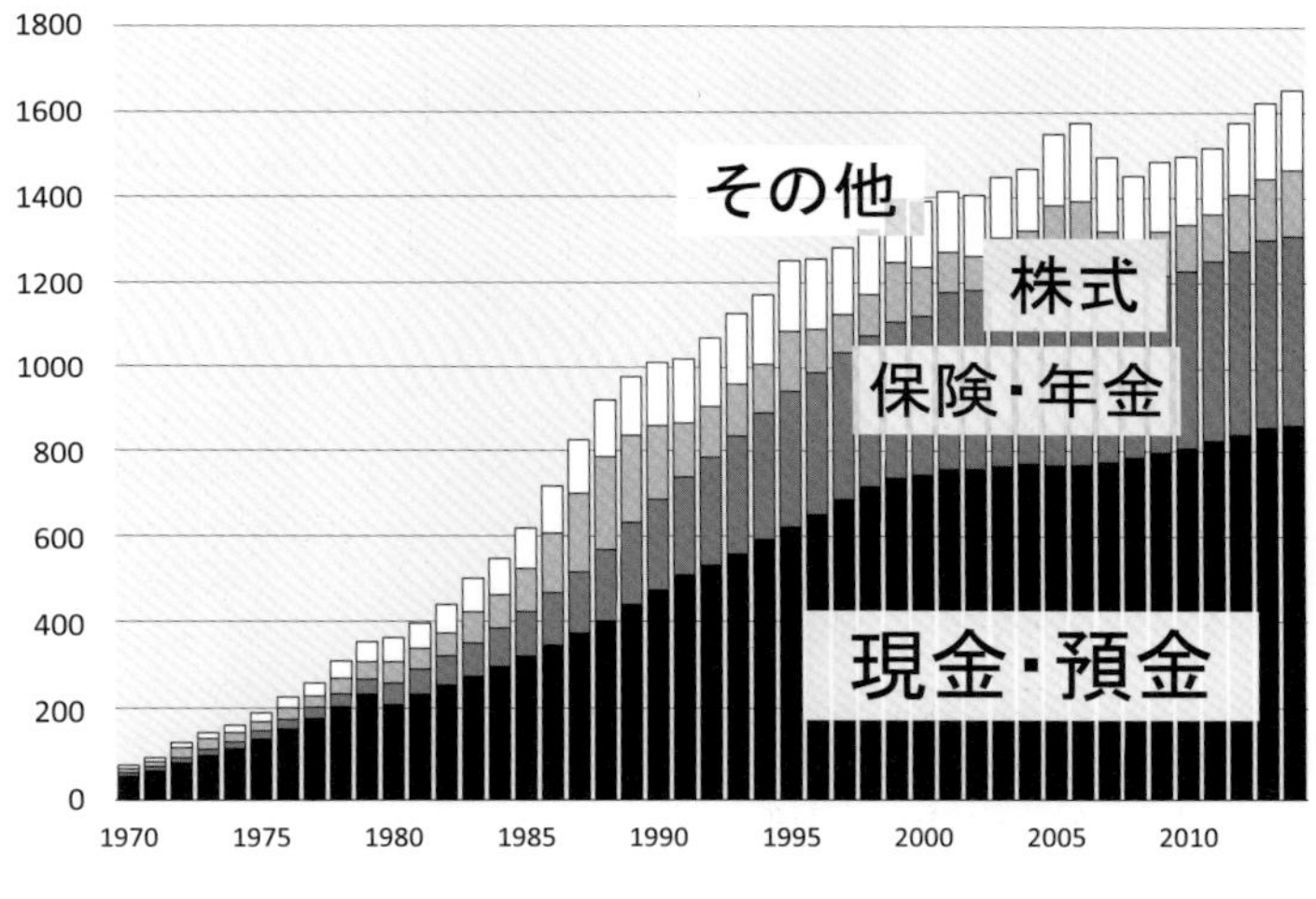

１００万円になるから GDPは２００万円になる。しかしお金は1万円しかないのだ。それと同じことで、日本にはお金が90兆円しかなくても、そのお金が10回カウントされれば９００兆円になるのだ。GDP５００兆円というのは90兆円のお金が年に５、６回使われただけのことであって、お金が増えたわけではない。

仮にお金がもう1回転、多く動けばGDPは90兆円上がるのだ。GDPが増えることは何の意味もないことがわかるだろう。

もっと重要なことは、預貯金も保険も年金も同じことなのだ。

貯金すると通帳残高は増えるが、預金されたお金はすぐに世の中に出ていくのだ。国民の預貯金が８００兆円ということは、90兆円の現金が8回ほど銀行に預けられてすぐまた社会に貸し出されたということだ。さあ、いよいよ問題の核心に近づいてきた。

●ほとんど破産

現在、国の赤字は１３００兆円。では、その赤字は誰が負担しているのだろう。

国は赤字国債を発行し、銀行や郵便局、保険会社がそれを買っているのだ。銀行や郵便局、保険会社は、誰のお金で買っているのだろう。

もうわかったと思う。そうなのだ。それは私たちのお金なのだ。

私たちのお金は１６００兆円。国の赤字は１３００兆円。

だから、私たちのお金は「もうほとんどなくなった」とも言えるし、「まだ３００兆円残っている」とも言える。しかし、赤字は毎年50兆円ずつ増えるから、「破産まであと６年。カウントダウンが始まっている」のだ。

★破産するとどうなる？

会社が破産すると会社が無くなり、株主やお客さんや周りは大迷惑を受ける。

個人が破産すると生活ができなくなり、死んでしまうかもしれない。

図表5　日本の借金

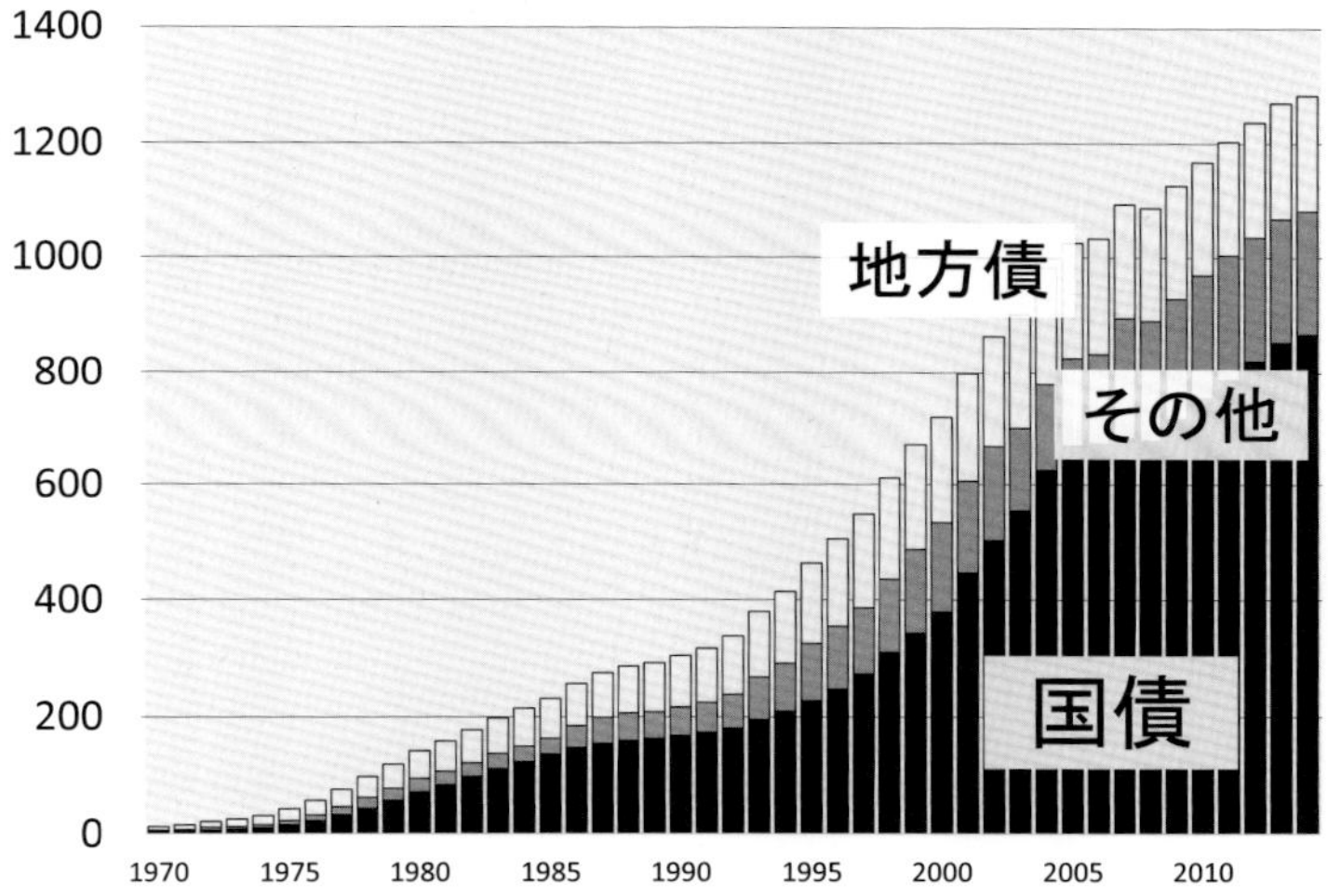

自治体が破産すると市の仕事ができなくなり、市民は生活ができなくなる。

国が破産すると国の仕事ができなくなり、輸出・輸入がストップする。

日本は自給率が低いから、たちまち食べ物、資源、エネルギーが底をつき、大変な事態になるだろう。

●どうすればいい？

まずは、できるだけ早く（国が使い果たしてしまう前に、国が破産してしまう前に）自分のお金を回収して、自分のために使うか、将来の準備をすることが必要だ。

図表6　日本の借金と日本人の資産

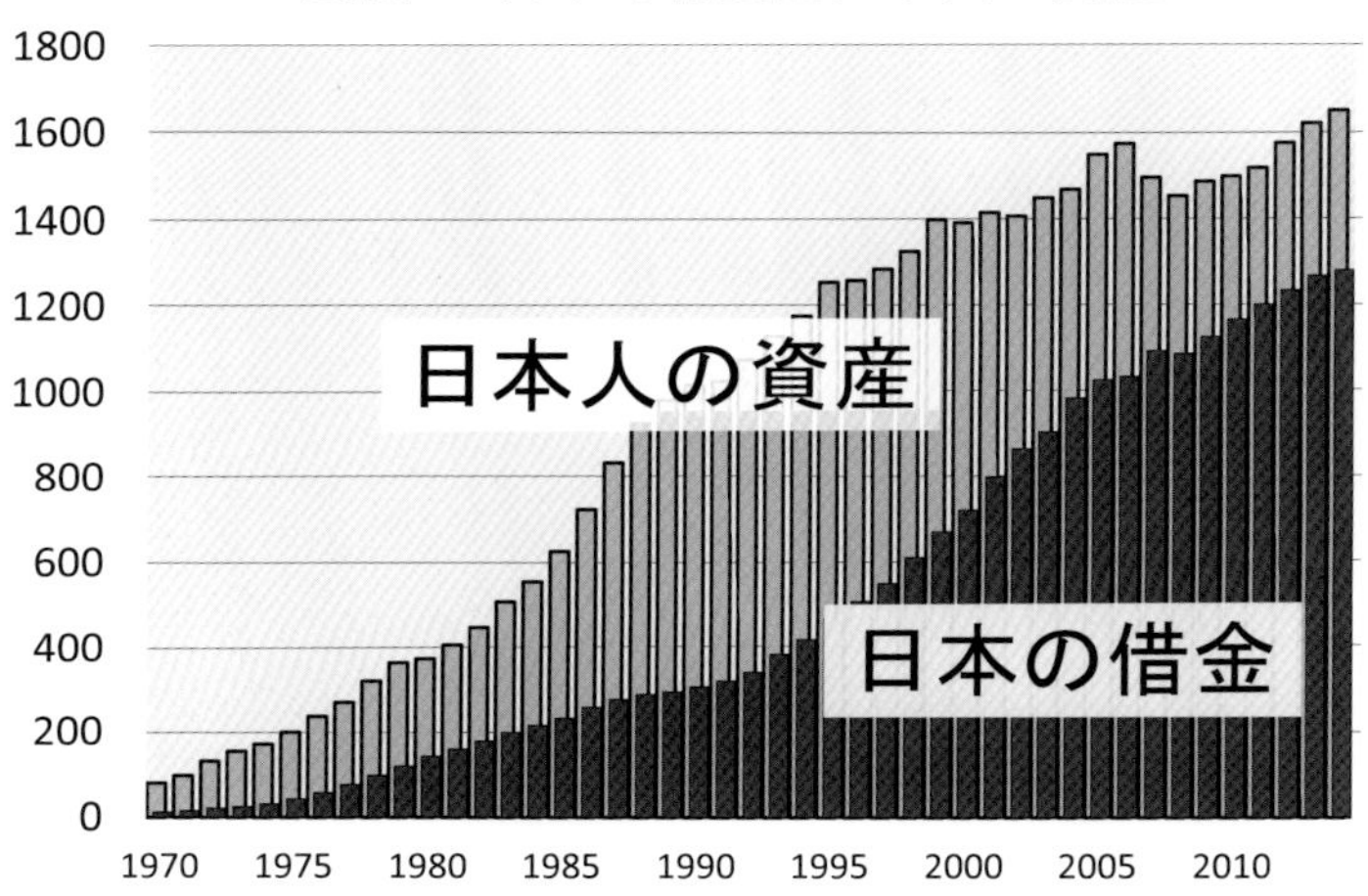

★預貯金

日本の預貯金総額は８００兆円。しかし日本中のお金をかき集めても90兆円しかない。みんなが一斉にお金をおろしに行くと銀行も郵便局もパンクしてしまうから、できるだけ早く、そっとおろすしかない。

しかし銀行も破産したくないから、全額はなかなかおろさせてくれない。「家を買う」とか、「土地を買う」とか、先方が納得する理由を考えておくこと。

★保険金

保険金も同じこと。できるだけ早く解約して、少しでも回収すること。

実は私事だが、30年以上前に「一時払い変額保険」を契約した。「６００万円を一度に払い込むと死亡時２０００万円。途中解約でもかなりの利益が見込める」というものだったが、解約を試みようとすると、30年定期貯金なら８００万円になっているはずなのに、なんと３００万円しか戻らないのだ。

保険会社の説明は「社会の動きに合わせて利率が変動し、マイナスになっておりますので」ということだった。しかしもちろん30年前にはそんな説明はなかった。

「経済の仕組みは弱者に不利」という現実をあらためて痛感させられた。

★年金

年金も同じこと。少しでも早く、解約して回収したいところだが、残念ながら年金は解約も回収もできない。国家は民間企業よりはるかに悪質なのだ。

年金で積み立てたお金は、国の運用により大きく目減りしているから、払い込んだ全額は戻らないだろう。年金の運用について少し説明する。

アベノミクスで株価は上がったが、それは公的資金（年金や預貯金、総額60兆円）の投入で株価が上がっただけで、日本経済が上がったわけではない。株で儲かったのは株を持っている人（国民の12％の富裕層）であり、使われたのは庶民のお金なのだ。公的資金は格差の拡大のために使われたのだ。

その上「消えた年金５０００万件」の問題も解決していない。これも国家犯罪だが、国家犯罪は裁かれないし、誰も責任はとらない。国家とは不思議な世界だ。

年金は国家犯罪とあきらめ、年金が戻ればラッキーと考えて、これからは、「自分の老後は自分で備える」と覚悟するしかないのだ。

★おろしたお金はどうすればいい？

これからは自分の頭で考え、自分で判断しないといけない。

しかしあえて、「ベストはない。絶対安全な方法もない」ということを前提にアドバイスするならば、これからは田舎に土地を買い、田舎の生活を始めることだろう。信頼できる仲間や近所の人たちと協力して生きていくのが一番だ。

3. 格差を生む仕組み

この社会は、もともと不平等や格差を生み出すように作られている。資本主義のことではなく、もっと根本的、基本的なことだ。

●組織が格差を作る

そもそもなぜ格差が生まれたのか。それは人間が社会を作った時から始まった。社会は組織であり、組織にはそれを維持するための仕組みが必要だ。組織を維持する仕組みは「上下」と「格差」、役職や給与の格差なのだ。

会社には、社員、主任、係長、課長、次長、部長、本部長、取締役、常務、専務、副社長、社長、会長、相談役など多くの階層があり格差がある。

組織は格差を生み、格差によって組織は守られる。

国にはさらに、その格差を広げる仕組みがあるのだ。

それについて述べよう。

●利子

利子は格差を広げる大きな問題だ。

お金に困った人がお金を借りると、利子を付けて返さないといけないから、ますますお金に困る。お金をたくさん持っている人はお金を貸してますます儲かる。

利子は格差を拡大する仕組みであり、「豊かな者をより豊かに、貧しい者をより貧しくする」という悪魔の仕組みなのだ。

さらに、利子という仕組みは、根本的に間違っている。

★「10人の村」

利子の仕組みを理解するために10人の村で考えてみよう。はじめは1人1万円、総額10万円のお金があったとする。

マネーゲームでは借金が必要になり、利子は増えるがお金は増えない。お金は10万円しかないから、いつか必ず利子は返せなくなるのだ。マネーゲームを続ける限り破産者は増え続け、最後は1人の金持ち（10万円）以外は全員破産するだろう。だから地主と小作人が生まれたのだ。

このように、小さな村なら「利子の仕組みは間違い」であることは誰にでもわかるが、大きな社会ではそれがわかりにくい。わかりにくくても間違いは間違いなのだ。

利子の仕組みだけではなく、マネーゲーム自体が間違っているのだ。

★マネーゲームは成り立たない

小さな村ならわかりやすいが、大きな社会でも同じことだ。

仕事で、商売で、ビジネスで、お金の取り合いをすること自体に問題がある。

お金を稼ぐ能力、仕事の能力、持っている力、親からもらったお金、財産、地位などに、人には大きな差があるのだ。

格闘技、柔道、ボクシング、レスリングは体重別に戦う。もし、ヘビー級、重量級と軽量級が対等に戦えばどうなるか。

戦う前からわかることだが勝負にならない。本気で戦えば生命に関わる。

しかしマネーゲームでは、それをやっているのだ。

金持ちも貧乏人も、大企業も零細企業も、大型店も個人商店も対等に戦うのだ。

大企業には、大手銀行がお金を融資し、自治体は土地を提供し、電力料も水道料も大口契約は安いのだ。さらに優秀な人材が集まるのだ。

それなのに、現状の経済は「自由競争」という名のもとに対等に戦うのだ。

ゲームは参加するかどうかは自由だが、マネーゲームは参加するしかないのだ。

こんな理不尽なゲームが社会の基本になっていること自体、とんでもないことだ。

どうすればいいかは第三章で述べるので、まずは現状の問題をよく理解していただきたい。

●相続

相続は格差の最大の要因だ。現状の社会では相続によって、金持ちは子どもに金持ちを引き継ぎ、貧乏人は子どもに貧乏を引き継ぐ。生まれながら格差があるのだ。その結果、教育や就職や職業などすべてにおいて不公平が続き、その結果、また格差が拡大するのだ。

その拡大した格差はまた次の世代に引き継がれる。

利子と相続は格差を広げる悪魔の仕組み。

現状の社会は矛盾に満ち、不合理で不公正だ。これは憲法の定める「平等」にも反していることは明らかだ。

●税制

現状の税制は非常に不公平で不公正なものだ。庶民（国民の8割）は収入すべてに税金がかかる。さらにローンや借金すべてに利子が付く。これでは、働いても働いても借金を返すのがやっとの暮らしなのだ。さらに、庶民の貯金は国家赤字に消えていき、庶民の年金は公的資金として株価を押し上げるなど富裕層の収入アップに使われる。

一方、富裕層の大きな元本（巨額の財産や資金）には課税されない。

貸したお金には利子が付き、投資には配当が付く。元本が減ることはない。

金持ちの利子収入の税金は、貧しい人が支払った利子から差し引かれるだけで、金持ちが払うわけではない。貧しい人の支払った利子を国がピンハネしているのだ。

税金の原理がわかればわかるほど、この社会の仕組みのおかしさに愕然とする。

●格差の現状

現在、世界の国々の格差は１００倍以上、各国の国内格差は１００倍以上だから合わせると1万倍以上の格差は当たり前。

世界長者番付によれば、世界には10億ドル（１２００億円）以上の大富豪が１６４５人、その資産合計は6.4兆ドル（７００兆円）で、日本のＧＤＰ（５００兆円）よりも大きい。

国別では、アメリカ４９２人、中国１５２人、ロシア１１１人、ドイツ85人、インド56人、イギリス47人、フランス43人、台湾28人、日本27人、韓国27人、など。

一方、国連の定義する「絶対的貧困」（1日1ドル以下）は10億人。

10億ドル以上の大富豪と「絶対的貧困」の格差は10億倍。

大富豪たちは全世界の貧しい人々10億人に６４００日分（17年間）の食糧を提供できるが、実際には10億人は飢餓に苦しみ、毎日数万人が餓死している。

これほどの格差を放置している世界は「正常」だろうか。

第二章　マトリックス

人間は、自分たちの安心と安全のために社会を作ったが、その社会が巨大になり、コントロールできなくなり、いまやその社会に、自分たちの生存さえ脅かされ、人類の滅亡が近づいている。この制御不能の巨大化した不自然な社会をマトリックスと呼ぶ。

破局を避けるにはどうすればいいのか。

1．マトリックスの正体

人間は、自分たちが暮らしやすいように道具を作り、お金や社会を作ったはずだ。しかし現在はお金や社会が強力になり、意志を持った巨大な生物のように人々を苦しめ支配するようになった。

●無限の経済成長

社会を作った最初の目的は「安心、安全」だったはずだが、いつのまにか目的は「経済成長」、実質的には「経済格差の拡大」にすり替わってしまった。

10人の村、100人の村などの小さな社会なら問題点はみんなにも見えるし、それを改めようという自浄作用が働くが、巨大な社会では問題点が見えないように隠しているし、それを改めさせない仕組みと圧力（国家権力）が働いている。

経済成長をめざす人たちの要求が優先されるようになる。

「経済のためには、原発もOK、戦争もOK、環境破壊もOK、弱者の犠牲もOK、破局もOK」という信じられない暴走が始まった。

コラム

映画『マトリックス』

未来世界では、全人類は眠らされ、コンピュータに管理されている。コンピュータの目的は経済拡大。それは遠い昔、コンピュータが作られた頃、人間によって組み込まれた基本プログラムなのだ。コンピュータはその基本プログラムに従い、それを妨げるものをことごとく排除してきたのだ。環境破壊を防ぐためのプログラムを遮断し、コンピュータを停止させようとした命令を遮断し、最終的に発電所を破壊して電源を切った全人間を敵とみなし、全人類を眠らせて発電所を作ったのだ。コンピュータは、眠らせた人間に夢を見させ、人体の活動電流を電源として活動を続けているのだ。

その結果、地球はほとんど死にかけていた。

目覚めた少数の人間たちが、世界を救うため、コンピュータに戦いを挑む。

このことに気づいたあなたは、マトリックスに従うのか逆らうのか、どっちだ？

●マインドセット

「マインドセットが変わらない限り、問題は解決できない」　アインシュタイン

マインドセットとは、「人々の意識や価値観、社会の仕組み」を意味する。

現代のマインドセットは「経済成長」。

オゾン層破壊の原因と分かったのに、企業はフロン廃止に長年抵抗した。

フロン廃止が決まっても、企業は温暖化の原因となる代替フロンの製造を続けた。

代替フロンが禁止されても、企業はまた別の問題物質を製造しようとしている。

原発事故を起こしても、国も企業も問題を認めようとせず、再稼働に必死だ。

それらはすべて経済成長を理由としている。

環境破壊、戦争、飢餓貧困など現状の問題の根本原因は、すべて経済成長にある。

経済成長自体を改めない限り、問題は解決しないという意味だ。

まさにズバリ、その通りだ。

●モア・アンド・モア

「経済が大事、利益が大事、お金が大事」

「未来よりも目先が大事。命よりもお金が大事。環境よりも経済が大事」

この考え方、この価値観、この意識、どうだろう。

例えるならば、私たちは「モア・アンド・モア（もっともっと）」という名の新興宗教の信者だ。「永遠の経済成長」を信じ、日々「経済成長」という名の修行に励んでいるのだ。

その結果、「原発事故」「環境破壊」「戦争」などさまざまな問題が起きているのに、いまだに現実から目を背け、修行をやめようとしない。

コラム

チプコのメッセージ　（モントリオール会議から）

私たちは、木が切られないように木に抱きつく。
木と共に切られてすでに２００人が死んだ。
今、あなたがたの国からたくさんの人が来てダムを作ろうとしている。
ダムができると森が沈み、私たちは生きていけない。
これをとめるために、私たち10万人のチプコは水に沈む覚悟をした。
私たちはダムも電気もお金もいらない。
あなた方は経済という宗教に取りつかれてしまった。
あなた方の神様はお金、儀式は開発、生けにえは地球。
あなた方の神様からの贈り物は飢えと公害と戦争。
開発は、一時の富をもたらすが、永遠

現地に貼られていたポスター

の生活と幸せを失う。

私たちは開発でなく幸せを求めている。それには土地と水と食べ物で十分なのだ。

幸せは自然の中にある。悩みは欲の中にあり、幸せは欲から開放されること。

あなた方はなぜ当たり前のことを忘れてしまったのか。あなた方はどこに行くのか。

●事実を知ること、知らせること

洗脳された人たちの洗脳を解くことは難しいが、方法がないわけではない。

正気を取り戻すには、「事実を知らせること」だ。

タイタニック号では「船が沈む！」という事実を知らせることで、飽食をやめ、酒盛りをやめ、脱出を始めた。船員たちは自分の身の安全を顧みず、最後まで乗客の救助に全力を尽くした。音楽師たちも最後まで讃美歌「神と共に」を演奏した。老いた人たちは、女性や子どもたちに救命ボートのスペースを譲った。

人はショックで目覚め、感動で動きはじめる。

●GNPからGNHへ

「戦争、貧困、環境破壊など、この世のあらゆる不幸の根本原因はGNPだ。国民が望んでいるのはGNPではなくGNH（国民総幸福）だ。私はGNHを高めることで、国民に繁栄と幸福をもたらす」

これは1972年ブータンの王位を継承したワンチュク4世（18歳）の言葉だ。途上国の若い国王が、こんなことを言ったことは驚きだ。国王は約束を守った。いまではブータンは「世界で最も幸せな国」として知られるようになった。GNHは世界的に有名な言葉になった。

ブータンは中国とインドに挟まれた小国だから、世界の注目がなければ、その近隣の国々がそうなったように両大国に併合されていただろう。しかしいまも世界の注目を集め、輝きを放っている。

ブータンの国王は、その意味でも国民を救ったのだ。

2. どんな未来を望むのか

私たちが歩んできた道、作り上げた世界の実態を知ってもらいたい。
自然が起こす災害と、人間同志の殺戮《りく》とどちらが甚大だろうか。

●自然による災害

自然災害には、地震、津波、台風、火山の噴火、洪水、干ばつなど様々ある。
死者10人以上、被災者100人以上の災害について調べた資料によると、
1900年から2014年まで、自然災害は13341回、死者3256万人だから、年間で約28万人。　http://j.mp/shizensa

図表7　自然災害による死者
（1900〜2014年）

干ばつ	1173万人
洪水	695万人
地震や津波	257万人
火山噴火	10万人
その他	1131万人
合計	3256万人 年間28万人

●人間による殺戮

人間が起こす災害は、戦争、紛争、虐殺、人為的な餓死、交通事故など様々ある。

しかし自然災害に比べてあまりにも規模が大きいので、項目を分けることにした。

★戦争、紛争、虐殺など

過去100年の戦争の犠牲者は、第一次大戦1500万人、第二次大戦5000万人、朝鮮戦争500万人、ベトナム戦争800万人、イラク戦争80万人、中国の文化大革命による犠牲者は数千万人、カンボジアの虐殺200万人、ルワンダの虐殺100万人、コンゴの内戦死者500万人など2億人。平均すると年間200万人。

これだけでも自然災害の7倍以上だ。

図表8　人間による殺戮

第一次・第二次大戦、ベトナム戦争、朝鮮戦争、イラク戦争など	年間 200 万人～
交通事故死、自殺など	年間 200 万人～
飢餓貧困	年間 1000 万人～
アフリカ奴隷、十字軍遠征、ジンギスカン・アレキサンダーの遠征など	年間 100 万人～

★交通事故、自殺など

・交通事故死は世界で毎年１２０万人以上。
・自殺は世界で毎年80万人以上。

この二つの合計だけでも２００万人以上、戦争の犠牲者と同数であり、自然災害の犠牲者の7倍以上だ。

★飢餓貧困

現在、世界の餓死は年間１０００万人と言われている。しかも、この原因は食糧不足ではなく、分配の問題なのだ。世界の食糧（穀物生産）は25万トンで、これは世界人口の２倍分の量があるのだ。それなのに20億人が飽食、10億人が飢餓なのだ。

なぜ、人間はもっと知恵を使わないのだろうか。

★他にも恐るべき統計が

「大虐殺をおこなった支配者」　http://j.mp/shihaisha

交通事故で 120 万人以上が亡くなっている

「死者を大量に出した戦争」　http://j.mp/warhist

これを見ると、人間の歴史はまさに大量虐殺の歴史だ。

世界人口は、西暦１０００年に3億人、１５００年に5億人、１８００年に10億人なのに、安史の乱（７５５～７６３年）の犠牲者は３０００万人以上、当時の世界人口の１割以上だ。モンゴル征服（１２０６年～１３６８年）の犠牲者は４０００万人、やはり当時の世界人口の1割だ。三国時代の戦国（１８４年～２８０年）の犠牲者は４０００万人、当時の世界人口の2割以上だ。よくもまあ、これほどの殺戮をしたものだ。

「アフリカ奴隷」の犠牲者1億人、「十字軍の遠征」の犠牲者３００万人、その他にも、宗教戦争、宗教弾圧を含めると、人間による殺戮は自然災害の犠牲者より数十倍多いだろう。

サバイバルへの道

自然界には、これほどまでに仲間同士で殺し合う生物はいない。

破局を避けるためには、破局につながる武器や技術を放棄しなければならない。

放棄すべきものは、核兵器などの大量破壊兵器、原発、核融合、バイオテクノロジー、遺伝子操作、大量高速輸送、超高層建築など大惨事や大量の死をもたらすもの。

★謙虚に生きる

・人間は傲慢になりすぎた。
・自然を破壊しすぎた。
・人間は自然を見失い、不自然になりすぎた。

★原点に立ち返ること

・人間は地球号の一乗組員である。
・地球号のルール「最小限、バランス、調和」に従う。
・先輩（他の乗組員はすべて人間より先輩）をリスペクトする。
・不自然な社会（マトリックス）を最小限にすること。

水も空気も土も預かりもの

第三章　幸せな社会の実現

幸せを求めない人はいない。にもかかわらず、なぜ幸せが実現しないのだろう。
幸せとはなにかをしっかり考え、しっかりつかまなければならない。

1. 基本

幸せの基本は、安心、平和、自由、生きがいだと思う。

●安心

安心とは、恐怖や不安がないこと。
まずは「衣食住」の心配がなく安心して暮らせること。

安心を奪うものは、貧困、戦争、犯罪、事故、病気などだ。

安心には物理的な安心と精神的な安心がある。物理的な安心は、社会制度を改めないと解決できないものと、自分の努力で改められるものとがある。

社会問題は、みんなで話し合い、合法的に改めていかなければならない。民主主義とはそれができる社会なのだが、日本はまだまだ不十分だ。原因は、人々が民主主義をよく理解できていないこと。他の先進国の様に市民が権利を求めて立ち上がり、権利を勝ち取ったのと違い、日本は長く封建主義が続き、敗戦によって急に占領国アメリカから民主主義が与えられ、憲法が与えられ、「ああ、そうですか」と受け身のまま、言われた通りやってきたからだろう。最も重要な教育も与えられた西洋教育、軽薄な知識教育に偏ったままで、社会全体が「戦後復興、経済成長、経済優先」でやってきた結果である。

自分の問題は、自分が努力をすることと、必要な人と相談し、話し合い、それに関わる人たちの協力が必要だ。しかしそのベースとなる自分自身の考え方が、受験教育、偏差値教育、知識教育の結果、とても根の浅い、薄っぺらいものになっている。

特に最近は、若者が本を読まなくなったし、哲学、思想、政治に無関心になり、目先の生活や趣味、娯楽に流されている。

国全体が経済優先、個人主義優先、軽薄短小に向かっている。

「いまさえよければいい、自分さえよければいい」「さきのことは興味ない、難しい話題は興味ない」という嘆かわしい風潮になっている。

精神的な安心、安定は、自分しだいだ。自分の気持ちをコントロールすることは不可能ではない。本気ならできる。

★できる人、できない人

世の中には、なんでもできる人、うまくやれる人と、なにをやってもできない人、うまくやれない人がいる。その大きな違いは、自分を信じているか、信じていないかだ。つまり自信があるか、ないか。「自信」は「自分を信じる」と書く。

自分を信じる人は、うまくいかないときあきらめない。（自分はできるはずだ）と信じているから、失敗の原因を考え、そこを改めてチャレンジする。また失敗しても、諦めずに、さらにチャレンジする。最終的に成功する場合が多い。できない人は、自分を信じず、失敗すれば（ああ、やっぱりダメだ）とあきらめる。

成功したいなら、（自分はやれる）と自分を信じること。

失敗しても、（失敗には原因があり、改めればうまくいく）とあきらめないこと。

●平和

平和は、家庭の平和、職場の平和、社会の平和、国の平和、世界の平和などがあるが、基本は自分の心が平和であること。自分の心が平和でなければ、自分の周りに平和は実現しない、「精神的な安心」と同じく「自分を律すること」がとても大事だ。

しかし今の日本の政治は、戦後70年続いてきた平和から大きく逸脱しようとしている。一総理、一政府ごときに、これほどたやすく平和が壊されるとは想像もしていなかった。それくらい現状の政治はおかしい。

原発、軍国化、平和憲法の破棄、民主主義の無視、言論規制、格差の拡大……。

国家がこれほど国民の意思を無視して進むことができることを知ったのは新たな驚き、新たな発見だった。しかし、あきれていてはいけない。

国民が選挙で政治家を選ぶのだから、国民は選挙で政治家を替え、政府を変え、政治を改めなければならない。

●自由

安心と平和とともに大切なのは自由だ。

不自由とは、自由を奪われること、拘束、弾圧、差別など不当な扱いだ。

世界では不当なことが少なくないが、日本の場合は、むしろ自分の考え方で不自由を作り出している。

「ねばならない」や「こうあるべき」という考え方や、他人との比較が自分を不自由にし、不幸にしている。

しかしよく考えれば、世の中には「ねば」は何一つない。

「呼吸」は「しなければならない」のではなく、しないと苦しいだけだ。

「食事」は「しなければならない」のではなく、しないと腹が減るだけだ。

つまり、すべては「したいか、したくないか」なのだ。

ただし人に迷惑や危害を与えたり、取り返しのつかないことをしたり、自分が困ったりしないかどうか、よく考えなければならない。

自分のやったことはすべて自分の責任なのだから。

●生きがい

人が生きるにあたって必要なものは「安心」、「自由」、その次には「生きがい」ではないだろうか。別の表現をすると、「喜び」「充実」「ときめき」「希望」などだが、ここでは、それらの言葉をまとめて「生きがい」としている。

一番の生きがいは、人の役に立つこと、人に喜ばれること、人に感謝されること、仲間と協力して何事かを成し遂げることなど、1人では実現できないものばかりだ。

やはり人は社会的な生き物なのだ。

人は、みんなと共に生きていくことで自分の存在を実感し、助けられることで喜びを感じ、生きがいを感じて生きているのだ。

2. 戦争がない社会

戦争は人間だけの愚行。自然界には戦争はない。地球号最大の愚行であり、すべての乗組員にとって最大の迷惑だ。問題解決につながらないだけではなく、問題を大きくし、悲しみ、憎しみを生み出し、つぎの戦争へとつながっていく。

戦争は一部の人の愚行で始まり、みんなの悲劇で終わる。

●戦争の原因

戦争の原因は怒りだ。

怒りの原因は貧困と不公平、不公正、不当な扱いだ。

みんなが貧困ならば怒りにはならないが、貧富の差や格差があると怒りになる。

不当な弾圧や虐待は不自然であり、最大の怒りにつながる。

現状の世界は格差が広がり、支配が強くなり弾圧も激しくなっている。

戦争をなくすには、格差の解消と、自由を認めることだ。

日本では、庶民（国民の8割）が「中流意識」をもっているため、怒りやいきどおりが出ないという不思議な状況になっている。自分は庶民であり、庶民が搾取され、一部の富裕層を支えているのだ、という事実を知らないことで、現状のおかしな社会が成り立っているのだ。

困ったものだ。この誤解を解くには事実を知らせるしかない。

★いい悪い

私たちが腹を立てる場合、ほとんどは「いい悪い」が関係している。

しかし自然界には「いい悪い」はない。「いい悪い」は人間の「都合」なのだ。

立場が変われば「いい悪い」は逆転するし、法律も裁判官によって逆転する。

人間社会にはこうした「いい悪い」が無数にあり、社会が変われば「いい悪い」も変わり、人によって、立場によって、気分によっても変わるから実にややこしい。

自然界には「いい悪い」はない。狩りに失敗しても腹を立てる動物はいない。

しかし人間社会では、食べ物がないとなれば人々は怒り暴動を起こすだろう。

「税金を払っているのに！　政治の責任だ！　役人の怠慢だ！」

不自然な社会では、不自然なお金がベースだから、不自然なことになるのだ。

★正義と正義感

自然界に「正義」はない。人間が「正義」を作り出して戦争を始めた。

「正義」は戦いに必要な武器であり、「正義感」が強いほど戦いが激しい。

最も強い正義感が「信仰」だから、「宗教戦争」が最も激しい戦いになる。

現在、宗教が絡む紛争は「イスラエルとパレスチナ」、「イスラム国と中東諸国」、「中国のウイグル族、チベット自治区」など、これらが第三次大戦につながる可能性が大きい。

日本は「平和憲法」によって戦後70年、戦争に巻き込まれることはなかった。

日本を戦争から守ってきた「平和憲法」は絶対に捨ててはいけない。

●平和憲法

「日本は戦争を放棄。戦力を保持しない。武力行使しない」と明記している。

自衛隊の存在については、日本政府は「自衛権は国際的に認められている。自衛のための自衛隊は平和憲法に矛盾しない」「我が国が攻撃された時のみ、自衛のための武力行使ができる」と説明してきた。

戦後70年、日本はこの解釈を変えることはなかったし、自衛隊はＰＫＯ（国連平和維持活動）に参加したことはあったが、武力行使はしたことがない。

★安保法制

しかし、この本の執筆中の現在（２０１５年）、安倍政権は、日本政府のこれまでの解釈を大きく変えようとしている。

安倍政権の主張のポイントを要約する。

1. 日本が攻撃されなくても、日本と関係の深い国（米国など）が攻撃を受け、日本の存立の危機が考えられる場合、日本は武力行使できる。
2. 日本が攻撃されなくても、日本の存立の危機が考えられる場合、敵国軍事基地を先制攻撃することができる。
3. 中東ホルムズ海峡に地雷が敷設された場合、日本経済に重大な影響があり、存立の危機が考えられる場合、機雷撤去（爆破、掃海）することができる。
4. PKO（国連平和維持活動）以外の多国籍軍にも、自衛隊を派遣し、武力行使することができる。
5. 多国籍軍の後方支援として、武器、弾薬、兵員などを輸送することができる。

憲法では、「日本は戦争を放棄し、戦力を保持しない、武力を行使しない」と明記していることから、以上はすべて憲法違反である。

また、これまでの政府の説明、「日本は自衛権は放棄していない。我が国が攻撃された時のみ、自衛のための武力行使ができる」にも違反している。

以上の点から憲法学者の多くは「違憲」と断じている。

★どうすればいいのか

安倍政権がめざすことを進めるのは憲法の改正が必要だ。それにはいまのような詭弁ではなく、「平和憲法を捨て、戦争ができる国にしようと思います」と明確に説明し、国民投票をするしかない。国民は間違いなく否決するだろう。その際、今回のような拡大解釈が起こらないように、現行の憲法に「自衛権は放棄しない。攻撃されれば自衛のための武力行使をする」と明記した方がいいのではないだろうか。

私は近い将来、コスタリカの様に軍隊を廃止するべきだと思う。

コスタリカは平和憲法を制定し、軍隊を廃止して平和国家に変わった。

キューバも平和国家として世界に医師団を派遣している。

平和憲法を持つ日本も、これに学び、自衛隊の名称を「災害救助隊」に改組（組織替え）して、国内はもちろん、世界に派遣をする。

日本が平和国家であることを世界に示す。これにより日本の評価も変わる。

中国、韓国とも和解への道筋ができ、その方がはるかに平和、はるかに安全だ。

●平和教育

戦争を避けるために最も重要なものは平和教育だ。

平和教育はどの科目よりも、計算や暗記や偏差値よりも大切だ。

しかし日本には、次のような平和教育がまだない。

★平和教育の基本

・国や組織の主義主張や人の言葉をうのみにしない。

・自分で調べ、自分の頭で考え、自分の言葉で話せるようになる。

・様々な考え方があること、背景や経緯、歴史を知ること。

・自分の意見を持ち、相手の意見も尊重する。

★コスタリカの平和教育

平和教育はコスタリカが最も進んでいる。

コスタリカは１９４９年に平和憲法を制定、同時に軍隊を廃止した。

その時「平和教育が最も大切」と決めた。

しかし当時は平和教育の教科書もなかったし、平和教育ができる教師もいなかった。だから教師は、子どもたちと共にゼロから出発した。それが成功の元だった。

教師の「平和とは？」の問いかけに、子どもたちは考え、討論し、やがて気づいていく。「平和とは、ケンカや戦争がないこと」ということに。

教師の「ケンカの原因は？」の問いかけに、子どもたちは考え、討論し，やがて気づいていく。「争いの原因は、意見や考えが違うこと」ということに。

教師の「では、どうすればいい？」の問いかけに、子どもたちは考え、討論し、やがて気づいていく。「解決には、歩み寄ること」が大切だということに。

これがコーチングの基本だ。コーチングは「教える」のではなく、「気づく」ことを重視するのだ。「教える」より「気づく」方がはるかに大切なのだ。

コスタリカではいまも、小学校1年生の1学期に平和教育が始まる。

★**平和の三原則**

①話し合うこと
②違いを認めること
③歩み寄ること

これはシンプルだが、とてもわかりやすく、家庭の平和、職場の平和、自分の平和など、あらゆる場面で役に立つ。

3. 経済格差がない社会

貧乏はつらい。衣食住に不安があるのは苦しい。
一方で豊かな人たちが贅沢な暮らしをしているのを見るのは腹立たしい。
戦争の最大の原因は格差だ。平和には格差の解決が不可欠だ。

●格差の現状

日本の国民を金融資産額（預貯金、株式、債券、投信、保険など）で分類すると、
（野村総研2014年度報告）

- ・超富裕層は、　5万所帯（0.1％）、資産　73兆円、平均13億5千万円／世帯
- ・富裕層は、　95万世帯（1.9％）、資産168兆円、平均1億8千万円／世帯
- ・準富裕層は、315万世帯（6％）、資産242兆円、平均8千万円／世帯

・中流層は、　６５１万世帯（12％）、資産２６４兆円、平均４千万円／世帯
・庶民は、　４１８３万世帯（80％）、資産５３９兆円、平均１２８９万円／世帯
※国民の資産総額は１２８６兆円。一世帯当り、超富裕層は5億円以上、富裕層は１～5億円、準富裕層は0.5～１億円、中流層は３～５千万円、庶民は３千万円以下。

日本人のほとんどは「自分は中流」と思っているらしいが、実際は庶民が８割を占めている。庶民と超富裕層の格差は１００倍。

これほどの格差があって、平均年収４００万円ということは、庶民の平均年収は４００万円よりかなり低くなる。実際は、ワーキングプア（年収２００万円以下）は１千万人以上。生活保護費受給者は２００万人以上。

自然界にこれほどの格差があるだろうか。

格差を生む社会の仕組みは、改めなければならない。

国民の８割は庶民。自分も庶民だということを忘れないこと。

●相続をなくす

自然界で、ボス猿が自分の子にボスの座を相続することはないし、ライオンが自分の子に縄張りやハーレムを相続することもない。

人間だけが、自分の子どもに自分の地位や財産を相続している。

その結果、金持ちの子は金持ちに、貧しい人の子は貧しくなる。

生まれた時から大きな格差があり、その結果さらに格差が拡大し、それがまた相続されていくことによって格差は決定的になるのだ。

そういう意味では、王家、天皇家、爵位、屋号、家督などが相続されることも、自然界にないこと、人間社会だけの不自然なことだ。

憲法では平等をうたっているはずだが、社会にはこのような不平等なものは無数にある。

みんなが幸せな社会には、相続は必要ない。

●土地所有をなくす

地球号も地球号の環境（土地、空、大気）も誰のものでもない。

自然界には所有はない。みんなで利用しているだけだ。

人間だけが所有（占有、私有）することは不自然なこと。

人間も自然のルールに従い、土地はみんなで利用するしかない。

例えば管理組合が土地を管理し、土地の利用を希望する者は申請し、承認されれば一時的に利用し、申請の理由や期間が終了すれば返還するようにする。

中国などのように土地所有を認めていない国は、実際にこのやり方を取っている。

★世界の土地制度

日本にも、もとは土地の所有がなかった。土地は村全体で管理し、農民は自分の実績に応じて耕した。勝手に分割したり、売ったりすることさえ禁じられていた。「田んぼを分けたり売ったりするのは愚か者」として「田わけ者」と呼んだ。

江戸時代の大名にも徴税権はあったが、土地の所有権はなかった。

しかし、キリスト教国では「すべては神のもの」「王様は神からすべての管理を任された」ということで、王族が土地や人々をも所有した。王族は貴族に土地を与えることで支配関係を築き、貴族は家来に土地を与えることで支配関係を築いていった。

植民地時代は、先住民の土地を奪うという歴史が長く続いたが、それも神の権威において行っていた。そのために植民地には必ず教会を建て、名ばかりの神父を置いた。そして本国の王や女王、ローマ法王に貢物をすることで略奪を合法化していた。

日本は明治時代、欧米の土地制度を参考にすることで土地所有制が始まった。社会主義は「国土は国のもの」という考え方が基本だから、中国、ベトナム、ラオスなどはいまも土地所有を認めていない。

●税制の変更

経済格差を解消するためには税制の変更も欠かせない。

★相続税

相続はなくした方がいい。死亡した時点で、故人の財産も借金も帳消しとする。相続をなくすことに抵抗があるならば、相続税を高率（90％）にすればいい。そうすれば2代目で10分の1、3代目で１００分の1、4代目で１０００分の1に減らすことができる。１００年以内に平等な社会になるだろう。

★資産税

死亡により故人の資産は国に返納する方がいいが、生存中は資産税を設ける。

格差を解消するためだから、資産税は高率でなければ意味がない。

資産税率を50％にすれば、1年で1／2、2年で1／4、3年で1／8、4年で1／16となり、数年で格差は解消する。

★庶民は無税

格差をなくすために、庶民は所得税をゼロにすればいい。

国家予算は富裕層への課税だけで十分だからだ。

このことを具体的に説明する。

日本の国家予算は100兆円規模だが、「景気刺激」「無駄な公共事業」「ばらまき」をやめれば大きく削減できる。仮に国家予算が40兆円になったとする。

その程度の国家予算は、富裕層の資産（483兆円）に9％課税すれば足りる。

課税対象を中流層まで広げるなら資産（747兆円）に5％課税すれば足りる。

これを10年続けると格差は現在の10分の1に解消する。

●本気なら実現できる

「そんな法律、通るはずはない」と思うかもしれないが、これほどの格差を維持する合理的な理由があるだろうか。

国民の80％が庶民だから、この法案は可決されるだろう。庶民のための社会を実現するためにも、国民の8割を代表する「庶民党」を作ろう。

★働く意欲が減退する

「そんなことをすれば、働く意欲が下がり社会はダメになる」という意見も出るだろう。

たしかに。しかし、そこが問題なのだ。

「格差によって維持される社会、格差によって維持される意欲」ってなんだろう。

それは「幸せな社会」ではなく「格差社会」であり、「意欲」ではなく「強欲」（エゴ）ではないだろうか。

人は、格差があろうとなかろうと、必要なことはやるのだ。

もしも、「金持ちになるために頑張ろう」ということが社会の原動力になっているならば、それは異常な社会、戦争社会なのだ。

まさに、それを改めなければならないのだ。

4. 環境破壊がない社会

「幸せな社会」では、環境破壊はない。そもそも生きるための環境を破壊すること自体、自殺行為であり、現在の社会システム、経済システムの致命的な欠陥なのだ。

●グリーンコスト

現在のコストには「資源と環境保全」という考えが入っていないから、消費が増えれば、資源の枯渇や環境破壊が進行するのだ。

それを根本から改めるためにグリーンコストが必要だ。

グリーンコスト＝従来のコスト＋「資源と環境のコスト」

★資源と環境のコスト

環境破壊や環境汚染が起こっている例を二つ挙げる。

一つ目は、日本の森林が荒れ、森林組合が衰退している。それは木材コストが不当に安いからだ。それは海外から安く輸入できるからだ。森林保全のためには、海外から安く輸入できる仕組みを改め、国産材が適正価格になり、その利益で森林が維持され、森林組合が維持できるようになることが必要なのだ。

二つ目は、世界の鉱山には、公害、環境破壊、環境汚染という大きな問題がある。それは鉱物資源のコストが不十分だからだ。公害を防ぎ、環境破壊、環境汚染が起こらないように本来、その維持、管理、保全のためのコストが必要なのだ。

金属や鉱物資源はリサイクル可能だから、リサイクルコストを上乗せすればリサイクルが推進され資源の枯渇が防げる。やっかいなのは化石燃料だ。

化石燃料は掘り出して燃やすから、資源は確実に減るし、燃焼により二酸化炭素が排出される。消費の抑制と自然エネルギーにシフトする必要がある。

もっとやっかいなのは原子力だ。

原子力は事故を起こせば大惨事となるから廃絶が必要だ。

こうした問題を解決するために、高額な「資源と環境コスト」を加算する必要がある。

★グリーンコストの具体例

例えば、ハンバーガーは一個２００円くらいだが、その安い牛肉はアマゾンの森を焼いて作られた放牧場から来ている。ハンバーガー一個は5平方メートルのアマゾンの森を犠牲にしていて、その保全コストは2万円以上するという。

（ワールドウォッチ研究所の地球白書より）

ハンバーガーのグリーンコストは2万円以上になるが、その値段なら誰も買わなくなるだろう。

原発の電力コストは、事故が起こった場合の修復コスト、使用済み核燃料の処理コスト、保管コストを含めなければならないが現在はまだ、その技術や方法すらないのだから、コストは算出不可能、コストは無限大になる。

●グリーン社会

グリーンコストによって社会はどうなるか。

・環境によくないものは価格が上がり、市場から消えていく。
・健康によくないものは価格が上がり、市場から消えていく。
・危険なものは価格が上がり、市場から消えていく。

その結果グリーン社会が実現する。グリーン社会は自然と調和する社会だ。

具体的には、

・石油、原発　⇓　再生可能エネルギー、自然エネルギー
・マイカー　⇓　公共交通
・農薬農法　⇓　自然農法、有機農法
・化学物質　⇓　自然素材
・コンクリート　⇓　自然工法
・輸入・輸出　⇓　自給自足
・過密と過疎　⇓　地方に分散
・中央集権　⇓　コミュニティ社会、地方中心、住民中心

他にも多くの変化が起こる。

わくわくするような変化がたくさん起こるが、具体的な変化、より具体的な方法もぜひご自分で考えていただきたい。

5．具体的な事例

世界にはすでに先進的な国がある。

「幸せな国ブータン」、「戦争のない国コスタリカ」、「格差のない国キューバ」を訪問し

たので簡単に紹介する。

●幸せな国ブータン

唯一の国際空港は日本のローカル空港よりも小さく、のどかでみんなが笑顔、ものものしい警戒はない。入国審査が終わり街に出ると、日本の昭和の田舎にタイムスリップしたようだった。みんなが笑顔で迎えてくれて、子どもたちもはにかみながら挨拶してくれる。お店に入っても東南アジアの観光地のような賑やかな物売りも押し売りもいない。交通信号もなし。自動車道路には牛が散歩しているし、イヌが昼寝している。自動車はクラクションを鳴らさず、よけて通ったり、立ち去るのを待つ。

国民の90%が農民で自給自足。GNPは日本の十分の一くらいだが、教育も医療も無料。生活にはなんの不安もなく、GNH（国民幸福度）は世界一な

幸せな国ブータン　昭和の子どもたち

のだ。

民家に宿泊させてもらったが、家族も近所もみんなが大きな家族なのだ。

蚊やハエも殺さない。それどころか、茶碗の中で溺れているハエに「だいじょうぶ？」と言って、ハエを助けて逃がすくらいなのだ。

輪廻転生を信じ、自分の周りの生き物はすべて自分の先祖だったと信じている。

短い時間だったが、別れるときはお互い涙を流してしまうほどの深いつながりを感じた。

⇓詳しくは小冊子『世界でいちばん幸せな国　ブータン』を参照。

●戦争のない国コスタリカ

コスタリカは１９４９年に平和憲法の制定と共に軍隊を捨て、１９８３年に「永世非武装中立」を宣言した。子どものころから平和と民主主義について学ぶ。

最も驚いたのは最高裁判所。

ブッシュ大統領が「テロと戦う」と宣言して世界に協力を呼びかけた時、コスタリカの大統領も支援を表明したが、そのことに対して、「平和国家コスタリカが戦争を支援するのは憲法違反」と一人の学生が訴えて勝訴。大統領は支援を撤回。

また、原発や核兵器に転用可能な技術の輸入に対して、「戦争につながるものは憲法違反」と一人の若者が訴えた際も、それが認められた。

その時の判決文は「平和は単に戦争が無い状態ではなく、戦争につながるあらゆる可能性を排除することである」という歴史的な内容だった。

コスタリカは本当に「三権分立」なのだが、日本は「三権集中」だ。

コスタリカは小さな国だが、中米地域の紛争を解決し和平に導いたことでアリアス大統領がノーベル平和賞を受賞。平和について多くの影響力を発揮し、国連においても非常に大きな存在感をもっている。

⇒詳しくは小冊子『軍隊を廃止した国　コスタリカ』を参照。

軍隊も戦争もないコスタリカ
子どもたちは平和と民主主義を学ぶ

●格差のない国キューバ

キューバは社会主義国。

社会主義国のイメージは「貧困、独裁、不自由」だが、キューバはまるで違った。スペイン系の明るい人柄、ルンバ、サンバのラテン音楽、町中で、レストランで、どこでも歌と踊りが始まる国だった。

・私が行った国（30カ国）の中で最も格差が無かった。

・医者も弁護士も、農夫もウエイトレスも、ほぼ同じ給料。

・月収は3千円。日本の百分の一。しかし物価は日本の十分の一以下。

・公共料金、税金、家賃はほぼ無料、生活保護（配給）あり。

・医療、教育は無料、老後は保障されている。

格差がなく平等なキューバ

・ホームレスはいない。老後の心配なし。

箇条書きにすると（ああ、そうか）で済んでしまいそうだが、最後にぜひこのことを紹介したい。

格差がない、平等だということは、100倍も努力しないとなれない医者も、他の職業と同じ給料なのだ。ふつうなら同じ給料なら楽な職業を選ぶのではないだろうか。しかしキューバではなんと医師が世界で一番多いのだ。そして世界中に無料の医師団を派遣したり、海外からの留学生を無料で受入れ、医学部で学ばせて帰国させているのだ。

私はこの事実にショックと感動を覚えた。

キューバについて事前にサイトで調べた内容やいまもサイトに書かれている内容と、実際に行って見たこと、経験したことがあまりにも違ったのでショックを受けた。私が訪問した30カ国の中で、いちばん住んでみたい国だ。

⇓詳しくは小冊子『キューバの奇跡』を参照。

第四章　未来の社会

５００年後の未来を想像してみよう。
大きく分けると二つの未来がある。
それは「絶滅への道」と、「生きのびる道」だ。

1. 鳴り響くアラーム

過去の巨大文明はすべて滅亡した。
なぜならば、文明は不自然であり、地球号は巨大な不自然を許容できないからだ。
だから、私たちはさまざまな警告を受けているのだ。
地球号の船内には、アラームが鳴り響いているのだ。

●世界大戦

第一次大戦も第二次大戦も、最初の火の手はどこであれ、戦火は世界に広がったのだ。次のきっかけは日本かも知れない、南シナ海かも知れない、中東かも知れない。

現在の不安定な世界情勢では、最初の火の手がどこで上がろうと、世界に広がるだろう。

今後の世界大戦では、大量破壊兵器が使われるだろう。

現在、世界には核兵器は約2万発あり、世界を10回破壊できるといわれている。

核保有国の自動報復システムは、コンピュータプログラムによって最後の核兵器を発射し尽くすまで核攻撃が続くのだ。

核戦争が起これば、核攻撃と放射能汚染で人類は絶滅するだろう。

核兵器と原発は廃絶しなければならない。

●地球温暖化

地球温暖化による異常気象は、すでに世界各地に豪雨や干ばつをもたらしている。

これ以上の温暖化が進めば、世界規模の食糧危機が起こる。食糧自給率が低い日本が最初に大打撃を受けるだろうが、順番はどうであれ、世界規模の食糧不足で人類は激減するだろう。化石燃料から自然エネルギーに移行しなければならない。合わせて輸入依存から自給自足に移行した方がいい。

●パンデミック

パンデミックとは死亡率が高い感染症の大流行のことだ。過去、コレラ、ペスト、スペインかぜなどが流行した地域では人口は半減した。特に植民地では、侵略者が持ち込んだ病気、病原体により、免疫をもたなかった先住民は大打撃を受けた。

現在は移動範囲も移動速度も格段に拡大したため、世界規模で危険が広がるようになった。原発事故と同じで、起こってしまった後の対策より、起こらないようにする予防の方がはるかに大切だ。

自然エネルギーへ

近年の大流行した危険な感染症、エイズもエボラ出血熱もＳＡＲＳ（サーズ）、ＭＥＲ

S（マーズ）も元は一部地域から発生した病原菌、または新種が世界に拡大したのだ。

パンデミックの予防の第一は、自然のバランスを崩さないこと。

多人数の移動、長距離の移動は避けた方がいい。これは相手国からの感染を避けるためだけではなく、こちらの病原菌を相手国に持ち込まないためでもある。昔、植民地では、欧米人が持ち込んだ病原菌に免疫をもたない先住民が大量に死亡した。

パンデミックは予想できない

●巨大地震、巨大噴火などの地殻変動

世界では（マグニチュード）M8以上の大地震は100年で十数回、M9以上の巨大地震は100年で数回起きている。この執筆中にも（4月25日）ネパールで大地震が起こり、8千人以上が死亡した。

巨大噴火も世界では100年に十数回起こっている。これの執筆中にも（4月22日）チリで大噴火が起こった。日本でも先日（4月25日）北海道知床半島で突然、海底隆起が起こった。新たな陸地は長さ３００～５００メートル、幅約30メートル、隆起の高さ10～15メートル。それはわずか20分間の出来事だった。

小笠原諸島の無人島の西ノ島では２０１３年に噴火が始まり、いまでは島の面積は30倍になり、いまも活動が続いている。西ノ島は海底４０００メートルからそびえる標高４０００メートルの大火山（富士山より高い）の火口部なのだ。

巨大地震、巨大噴火はいつ、どこで起こっても不思議はない。

大地（地殻）の下にはマントルがあり、マントルは常に巨大なエネルギーで対流しているのだ。日本列島は４つの巨大プレートの割れ目にあるため、いつどこで、どんな地殻変動が起こるかわからない。

すでに想定外のことが起こり、福島第一原発で大惨事が起こったのだ。想定外のことは必ず起こる。核兵器や原発の廃絶は不可欠だ。

災害は忘れたころに

2. 生きのびる道

危機に直面した時、諦める人と諦めない人に分かれる。いま国内にも世界にも危険が拡大しているが、諦めない人たちがいるかいないか、その人たちが力を発揮できるかできないかで、人類全体の運命が決まる。

●世界終末時計

核戦争で世界が終わるまでの時間を表した世界時計のこと。

1947年にアメリカの科学誌 Bulletin of the Atomic Scientists（「原子力科学者会報」）が提唱したもの。毎年世界会議が開かれ、科学者が世界情勢を分析して時刻を設定している。2015年現在、これまでもっとも危険な時刻を示している。それはなんと、「あと3分」。　http://j.mp/lastt

すでに、いつなにが起こってもおかしくない状況に来ている。

世界終末時計はあと3分

●ホピ族の預言

マヤ文明末裔のホピ族は恐ろしい預言を残した。

「人間は大地から掘ってはならないものを掘り出し、ヒョウタンに詰めて空からばらまく。その時、千の太陽が輝き、世界は終わる」

これは「核戦争」と「世界の終わり」を意味していると考えられている。古い預言で核戦争が語られていたのは驚きだが、世界の終わりについては多くの伝説や物語がある。聖書にも、ノストラダムスの予言にも、世界の終わりが語られている。

人間は昔から「人類は滅びる、世界は終わる」という意識があったようだ。

そしていま、その危険性は限りなく大きくなっているのだ。

では、やはり世界は終わるのか。防ぎようがないのだろうか。

いや実は、ホピには第二の預言がある。

「世界が終わらんとするまさにその時に、
　世界各地に虹の天使が現れて、世界の終わりを救おうとする」

「虹の天使」とは、地球を救う人たちのことだ。それはいったい誰だろう。

この本を読んでいるあなたかもしれない。未来の読者かも知れない。

「虹の天使」たちが世界を救うことを信じ、希望を失わないこと。
「虹の天使」たちの活躍を、世界の変化をイメージしてみよう。

●近未来　2×××年

地球温暖化、食糧危機、自然の脅威、核戦争の危機に直面した。
「虹の天使」が各地に現れた。「虹の天使」は各国の中枢部にもいた。
「虹の天使」は誰の命令でもなく、自分の意志で動き始めた。
その動きはユニークだった。
基本理念は「非対立」。抗議せず、戦わず、主義主張せず、論争もせず。
行動は「平和の三原則」。話し合う。相手を理解する。歩み寄る。
「虹の天使」の行動は徐々に広がっていった。

●変化が始まった

人々はまず、「奪い合うより分かち合う方がいい」ということに気づいた。

「奪い合えば足りない、分かち合えば足りる」ということに気づいた。
どうして、こんな簡単なことに気づかなかったのだろう！
人々は次は、「人に役に立つことは嬉しい」ということに気づいた。
自分にもできることがある！　人に役立つことができる！
人に役立つことは嬉しい！　人に「ありがとう」と言われることは大きな喜びだ！
ということに気づいたのだ！
こうした気付きが広がっていった。
まるで映画『ペイ・フォワード』（２０００年　米）のように。
ここから新しい世界が始まったのだ。

コラム

映画『ペイフォワード』

トレバー少年は「世界を変える方法」を見つける。
それは、「1人が3人に人助けをし、あなたも3人に人助けを」と伝える。
1人⇓3人⇓9人⇓27人⇓81人……なんと21回で世界人口を超える！
最後のシーンでは涙が止まらない……

ハチドリの一滴

森林火災で、森の生き物たちは われ先に逃げていた。その中で、一羽のハチドリがくちばしで水を一滴ずつ運んで火の上に落としていた。他の動物たちは「そんなことして何になるんだ」と笑った。

ハチドリは答えた。「私ができることをしているだけです」

シンプルな会話の意味をじっくり味わうと、涙が溢れてくる……

ハチドリの一滴

3. 大きな前進

人々は目を覚ました。そして間違いに気づいた。

国という囚われ、社会という囚われ、経済という囚われ、便利快適という囚われに。自分の頭で考え、自分の考えで行動し始めた。

●国はいらない

自然界には国家はない。必要ないからだ。

自然の中に暮らす人々、先住民にも国家はない。

なぜ私たちだけ国家を作ったのだろう。

いや、私たちが作ったのではない。ごく一部の者たち、織田信長、豊臣秀吉、徳川家康など「天下統一」（天下を支配したい）の野望を持った者たちが作ったのだ。

国家は不自然。不自然なものはマイナス面の方が大きい。

国家は戦争のもと。国家はいらない。

●お金もいらない

人は必要なことはするが、不必要なことはしない。

したいことはするが、したくないことはしない。当たり前のことだ。

しかし、価値あるものがもらえるならば、嫌なことも我慢するだろう。

国家や都会は必要か

ニューヨークのマンハッタン島の不動産価値は100億ドル以上だが、300年前、開拓者たちは先住民とビー玉で交換したとされている。しかし真相はもっとひどい話なのだ。土地の売買を知らなかった彼らからだまし取ったのだ。

お金もそれと同じことだ。

私たちはお金で自分の大切なもの、時間と心と労働を売った。

お金（紙切れと金属）を信じたことで、巨大なマトリックスを作ったのだ。

お金がなくなれば、不要なこと、嫌なことはしなくなる。

「大量生産、大量消費、大量廃棄」も意味がなくなり、環境破壊もなくなる。

戦争もなくなる。人は必要なことだけをするようになる。買い占めることができなくなれば、分け合うようになる。お金は格差のもと。お金はいらない。

⇓参考図書：『お金のいらない国』（地球村出版）、『パパラギ』（立風書房）参照。

★**お金がない世界では**

・貧富の差はなくなり、ドロボーもいなくなる。

・必要なことはするが嫌なことはしない。

・戦争も原発もなくなる。

・奪い合いから分かち合いに変わる。
・するかしないかは必要か不必要か。
・人と人との関係は、競争と対立から協力と感謝に変わる。

●便利快適もいらない

人々は「便利快適」のおかしさにも気づいた。

自分ができることを、他人にさせたり機械や電気製品にさせたりすることは、その場だけを見れば時間とエネルギーが節約できるが、そのために他人のエネルギーや余分な電力が使われ、そのためのお金を稼ぐためにはそれ以上の時間とエネルギーを消費する。それは決して便利でも快適でもないのだ。

そのために地球環境や資源を無駄にしてきたのだ。

「便利快適」なんてないのだ。勘違いしていただけなのだ。

便利快適は不自然。便利快適は不便不快なのだ。

●コミュニティの実現

５００年後、もし人類が滅亡していないなら、コミュニティが実現しているだろう。コミュニティとは、自然と調和した小規模の社会。

国家もない。お金もない。

不自然な政治、経済、社会制度もない。

あるのは、当たり前の考え方、当たり前の暮らし。

・必要なことはする。不必要なことはしない。

・助け合う。分かち合う。

・「平和の三原則」

（話し合う、理解する、歩み寄る）

4. エピローグ

宇宙から地球を見た人は、人生観が変わるという。宇宙から帰還した宇宙飛行士の多く

コミュニティが必要

は平和主義者、哲学者、思想家になるという。

・地球の美しさに心打たれたから
・地球の大切さに気付いたから
・国境がないことにあらためて気づいたから
・宇宙と一つになったから
・生命の根源に触れた気がしたから

最後まで読んでいただいてありがとう。どう思われましたか。

いま世界終末時計は「あと3分」を指している。

「世界が終わらんとするまさにその時に、世界各地に虹の天使が現れて、世界の終わりを救おうとする」

地球はいま、沈みはじめたタイタニック号と同じだが、ほとんどの人々はそれに気づかず飽食と酒盛りを続けている。

それに気づいた人は、気づいていない人たちに事実を伝えることが必要だ。

地球を感じると人生観が変わる

●まとめ

文中で最も伝えたい部分を抜き書きしたので、理解を深めてください。

【要点】 全20項目

1. 便利快適の追求は不便不快を招き、豊かさの追及は貧しさを招く。
2. 人はお金をもらわなくても、したいことはするがしたくないことはしない。
3. お金は、不必要なことや嫌なことをさせるための道具だ。
4. 広告とは不要なものを買わせ、必要な物を捨てさせる作戦だ。
5. お金は移動するだけだから、みんなが豊かになることはない。
6. 経済はゼロサム（プラスマイナスゼロ）。誰かが得をすれば誰かが損をする。
7. 経済は成長しない。格差が広がるだけ。
8. 組織は格差を生み、格差によって組織は守られる。
9. 利子と相続は格差拡大のための仕組み。
10. マインドセット（価値観）が変わらない限り、問題は解決できない。
11. 「ねば」や「べき」、他人との比較が人を不幸にする。
12. 生きがいはやりがい。人を喜ばせることが大きなやりがい。
13. 戦争は一部の人の愚行で始まり、みんなの悲劇で終わる。

13. 「いい悪い」や「正義」は、人間の都合なのだ。
14. 平和の三原則
①話し合うこと
②違いを認めること
③歩み寄ること
15. 戦争の最大の原因は格差だ。平和には格差の解決が不可欠。
16. 国民の8割は庶民。自分も庶民だということを忘れないように。
17. グリーン社会（コミュニティ）は自然と調和する社会。
18. 想定外のことは必ず起こる。核兵器や原発の廃絶は不可欠だ。
19. 国家は戦争のもと。国家はいらない。
20. お金は格差のもと。お金はいらない。

これを理解する人が増えれば世界は変わる。

●グリーンコンシューマになろう

環境を意識して行動する人たちのことをグリーンコンシューマと呼ぶ。
グリーンコンシューマが増えれば社会が変わる。

環境先進国は、国民の半分以上がグリーンコンシューマだ。ドイツや北欧はグリーンコンシューマが70%。でも日本は、残念ながら10%程度だ。50%を超えると社会は大きく変わる。

「脱原発」「脱公共事業」「脱戦争」「人にやさしい国」「環境にやさしい国」に。グリーンコンシューマを増やすために、グリーンコンシューマのためのネットワーク『地球村』を作った。ぜひ仲間になってください。お願いします。

・詳しくは　http://www.chikyumura.org/
・入会　http://www.chikyumura.org/membership/
・書籍　http://chikyumura.or.jp/
・無料メルマガ　http://bit.ly/1yoshi

●できることから始めよう

・エレベータ、エスカレータ⇒　階段
・マイカーの利用を減らす　⇒　公共交通
・買い物　⇒　必要か必要じゃないか

・贅沢、飽食　⇒　健康食、質素な食事、簡素な生活
・バレンタインはチョコ　⇒　おはぎ
・割り箸　⇒　マイ箸
・生活のダイエット、生活の断捨離
・肉食を減らそう（牛肉は10倍の穀物を消費する）
・輸入品の利用や消費を減らそう（輸送エネルギー、相手国の環境を損なう）
・特にコーヒー、チョコ、バナナなど（貧しい国の森林や土地を奪う）
・節電……脱原発や温暖化防止につながる
・リサイクル、ごみの分別
・家庭菜園、市民農園を始めよう。自給自足に近づこう。

以上のように、自分ができることから始めることも大事ですが、政治を変えていくことはもっと大事です。
・国を変える第一は、選挙に行き、環境や平和に取り組む候補者に投票すること。
・与党への投票や棄権では社会は変わらない。
・国民の8割を占める庶民のための「庶民党」を作ろう。
・グリーンコンシューマが増えれば社会が変わる。

あとがき

『宇宙船地球号』はＳＯＳを発している。

根本原因は、不自然な社会を作り、不自然な経済成長を追い求めてきたことだ。

その結果、格差が広がり、環境は破壊され、戦争が起こり、みんなの未来が失われようとしているのだ。それでも経済成長を追い求めている。

しかし、それに気づいた人たちもいる。行動し始めた人もいる。

知らないふりはやめよう。わからないふりはやめよう。

・できることから始めよう

・事実を知ること、知らせること

・グリーンコンシューマの仲間を増やそう

・決してあきらめないこと

私は30年以上、精いっぱいこのことを続けてきた。
私にはもうあまり時間が残されていない。
この本が最後の本になるかもしれない。
しかし、もっと多くの人に事実を伝えたい。
講演がしたい。本を書きたい。話がしたい。
私の夢は、「美しい地球」「美しい未来」に向けて、
ホノルルマラソンのスタートのように、
何万もの人たちが走り出すシーンだ。

2015年5月17日

高木　善之

高木 善之（たかぎよしゆき）

大阪大学物理学科卒業、パナソニック在職中はフロン全廃、割り箸撤廃、環境憲章策定、森林保全など環境行政を推進。ピアノ、声楽、合唱指揮など音楽分野でも活躍。

1991年　環境と平和の国際団体『地球村』を設立。リオ地球サミット、欧州環境会議、沖縄サミット、ヨハネスブルグ環境サミットなどに参加。

著書は、『地球村とは』『幸せな生き方』『平和のつくり方』『軍隊を廃止した国 コスタリカ』『すてきな対話法 MM』『びっくり！　よくわかる日本の選挙』『キューバの奇跡』『大震災と原発事故の真相』『ありがとう』『オーケストラ指揮法』『非対立の生きかた』『宇宙船地球号はいま』など多数。

『地球村』公式サイト
（高木善之ブログ・講演会スケジュール・受付など）
http://www.chikyumura.org/

『地球村』通販サイト EcoShop
http://www.chikyumura.or.jp

お問合せ先：『地球村』出版（ネットワーク『地球村』事務局内）
〒530-0027 大阪市北区堂山町 1-5-301
tel:06-6311-0326　fax:06-6311-0321
http://www.chikyumura.org
Email:office@chikyumura.org

宇宙船地球号のゆくえ

2015年7月1日　初版第1刷発行
著　者　高木善之
発行人　高木善之
発行所　NPO法人ネットワーク『地球村』
〒530-0027
大阪市北区堂山町1-5-301
TEL 06-6311-0326　FAX 06-6311-0321
印刷・製本　株式会社リーブル

ISBN978-4-902306-55-2　C0095